咯咯女巫的大布袋

·平均分·

国开童媒 编著　每晴 文　树树虎 图

国家开放大学出版社出版　国开童媒（北京）文化传播有限公司出品

北　京

咯咯女巫住在喜乐山上，她每年都要四处游历，用她的大布袋收集足够多的笑声。只有这样，她才能拥有够用一整年的快乐能量，让自己每天开心并镇压住山下的忧忧女巫，不让她出来作乱。

你瞧，咯咯女巫的大布袋快要瘪透了，她是时候出发去收
集快乐能量啦！

骑上扫帚，扛上布袋，
哪儿有笑声往哪儿走！

嘻嘻！

咯咯女巫循着笑声飞到一片葱绿的山坡。

这是**意大利的托斯卡纳地区**，有**12个孩子**正在参加这里的植树节活动。他们**3个人一组**，一个人挖土，一个人扶树苗，还有一个人浇水。他们一边种树一边说笑，快乐得不得了。

小贴士：12个孩子，3人一组，一共分了几组？人数刚刚好吗？

咯咯女巫连忙张开大口袋，收集了
笑声，高高兴兴地继续往前飞。

嘻嘻嘻！哈哈哈！
快乐进我的大口袋！
世上笑声我最爱，

哎呀，郁金香、风车，
太美啦!

咯咯女巫循着欢笑声来到了一个新地方。

这里是荷兰，人们正在欢庆风车节，热闹非凡！老师正在给**10个孩子**发风车。

小贴士：请你数一数，一共有多少个风车，每个人分1个，还剩下几个？

孩子们，别急，你们每人都会得到 1 个风车。

世上笑声我最爱，
快乐进我的大口袋！
嘻嘻嘻！哈哈哈！

"咦，这儿又是哪儿呢？"

原来是**俄罗斯莫斯科的红场**，人们正在这里庆祝儿童节。

8个孩子被分成了人数相同的**两组**，他们正在跳水兵舞。所有

人的脸上都挂满了笑容。

小贴士： 8个孩子被分成数量相同的两组，
每组是几个人？如果分成3组，可以吗？

舞蹈结束，广场一片沸腾，有人端出一盘精美的巧克力奖赏演出的孩子们。

"辛苦了，孩子们，美味的巧克力送给你们，每人 2 颗。"

1，2，3，…，14，15，16，每人 2 颗，呃……

吃不着巧克力的咯咯女巫默默地转身飞走了，不过，她的大布袋已经鼓起来啦。

小贴士： 16颗巧克力，分给8个孩子，有没有多余的呢？如果每人分3颗够分吗？

一阵强烈的笑声袭来，把咯咯女巫拽向了地面。她落在了一家人的院子里。

这是中国广西的一户人家，他们正团聚在一起庆祝中秋节，屋子里的笑声此起彼伏。

哈哈哈哈！

喵呜——

小猫叼着月饼从屋里慌慌张张地逃了出来，迎头撞见咯咯女巫！

咯咯女巫怎么会错过这样的好机会呢！

　　分东西这件事在生活中随处可见，不知道孩子有没有发现：无论是分糖果还是分树苗，如果每个人得到的同样多，就是"平均分"。

　　在分的过程中，我们可以让孩子按"份"来分。什么是"份"呢？举个例子：我们有9个桃子，放到3个盘子里，这里的3个盘子，就是3份。可以让孩子实际操作一下，先一次拿3个，每个盘子里放1个；也可以一次拿6个，每个盘子里放2个，直到分完为止，分完后每个盘子里有3个。孩子还可以按"每份数"来分。也举个例子：有6块糖，每个小朋友分2块，能分给几个小朋友呢？这里知道的每个小朋友分2块就是"每份数"，先一次拿2个，分给一个人，没分完，再拿2个分给一个人，直到分完为止，发现能分给3个小朋友。无论按哪种方法分，每次分得的结果是相同的。

　　但在生活中，孩子常常会遇到这种情况：分着分着，还有剩下的，亦或是，分着分着，不够分了。爱思考的孩子肯定会发现，出现"剩余"或是"不够"，正是因为没法继续平均分了，因为不能保证还能分得同样多了。孩子正是在这样的实践中，思考和体会到"平均分"的含义。瞧，数学与我们的生活是如此的形影不离！

北京润丰学校小学低年级数学组长、一级教师　蒋慕香

思维导图

咯咯女巫的收集快乐能量之旅简直太精彩了！她不仅收集到了超级多的快乐能量，还意外地吃到了……她都去了哪些地方呢？她在旅途中遇见了哪些令人开心的事情呢？请看着思维导图，把这个故事讲给你的爸爸妈妈听吧！

咯咯女巫的
收集快乐能量之旅

意大利 托斯卡纳地区	荷兰	俄罗斯 莫斯科红场	中国广西
快乐的植树节活动	欢庆风车节	庆祝儿童节	欢庆中秋节

·分享快乐·

咯咯女巫把自己收集的快乐制作成了8颗快乐糖果，准备平均分给她在旅行中认识的2个好朋友。每个人能平均分到几颗呢？请你连一连吧！

· 快乐的植树节 ·

一年一度的植树节到了，咯咯女巫把带来的小树苗平均分给了意大利的小朋友们。一个小朋友发现自己有2棵小树苗，那其他小朋友有几棵小树苗呢？请你在下方的方框中画出来吧！

·咯咯女巫的月饼分享大会·

咯咯女巫觉得月饼太好吃啦，于是她想邀请大家来分享月饼。今天来了2位客人，下面的哪盘月饼可以分给大家呢？（别忘了咯咯女巫自己也要吃哟！）请你圈一圈，帮咯咯女巫选出可以平均分给3个人的月饼吧。

谁能告诉我，另一盘为什么不可以呢？

·今天我做主·

假设孩子今天是家里/学校的小主人/小组长，很多活动都会让他/她来做主，所以在涉及分配的时候，一定要公平哟。以下日常活动可以帮助孩子练习平均分。

1. 分食物

分食物是最能帮助孩子体会平均分配意义的游戏，比如早上要给大家分面包片，让孩子数一数袋子里一共有几片面包片，每个人又能分到几片呢？还有，当小朋友来家里做客的时候，孩子作为小主人，需要给大家平均分配水果和零食。通过这些有趣的情景体验游戏，孩子在玩的同时会逐步加深对"平均分"概念的理解，为日后除法运算的学习打下基础。

2. 分组游戏

在学校里，孩子会面临各种各样的分组活动，比如分组做游戏，分组进行学习讨论，分组大扫除等，可以试着让孩子来平均分配人数，如果出现不能平均分的情况，观察孩子会怎么处理。

知识点结业证书

亲爱的_____小朋友，

恭喜你顺利完成了知识点"**平均分**"的学习，你真的太棒啦！你瞧，数学并不难，还很有意思，对不对？

下面是属于你的徽章，请你为它涂上自己喜欢的颜色，之后再开启下一册的阅读吧！